AF573211

Jaroslav Pap / Christoph Burgstaller

AU-HIRSCHE

Österreichischer Jagd- und Fischerei-Verlag

Jaroslav Pap / Christoph Burgstaller

AU-HIRSCHE

Österreichischer Jagd- und Fischerei-Verlag

Fotos: Jaroslav Pap und Christoph Burgstaller

Lektorat, Layout, Leitung Produktion: Michael Sternath
GoofsgunTipperary, thistaim, buttippy wassaockey.
&: Thistaim wontbea lastaim – assweallknou …
Thankya, Ole Waylon!

Verlagsassistenz und Sekretariat: Angela Pleyel

Repro: Reprozwölf, Wien

Gesamtherstellung: Druckerei Berger, Horn

ISBN 978-3-85208-153-3

Inhalt

Vorwort

Ob Jäger, Naturfotograf oder Naturliebhaber, der Anblick von Wildtieren fasziniert wohl jeden Menschen. Meist sind Wildtiere heimlich, still und weichen dem Menschen aus, so gut es geht. Doch es gibt bei allen Wildtieren im Jahr eine Zeit, da wird ihnen das überlebenswichtige Tarnen nahezu gleichgültig: wenn die Paarung ansteht. Die einen verhalten sich immer noch still und werden kaum vom Menschen gesehen, andere wiederum beeindrucken durch ihre stimmgewaltigen Paarungslaute nicht nur die weiblichen Artgenossen – so etwa der Rothirsch.

Mystisch und nahezu Angst einflößend dringen die Bässe der röhrenden Hirsche durch die Wälder. Der Auhirsch als größte Art des Rothirsches erreicht in der Feistzeit Lebendgewichte von dreihundert Kilogramm und sogar mehr. Die Geweihe sind mächtig in Stangenlänge, Vereckung und Gewicht.

Seit es den Menschen gibt, jagt er den Rothirsch wegen seines Wildbrets, wegen der Decke und natürlich wegen seines Geweihes. Wer um die Schlauheit des Rotwildes weiß, der kennt die Herausforderungen an den Jäger, wenn er diesem wahren König der Wälder auf der Fährte folgen will.

Über Jahre haben wir genau das getan: dem Auhirsch folgen. Mit der Kamera. Die Bilder, die dabei entstanden sind, sind selbst für einen Naturfotografen nicht alltäglich: ein frisch gesetztes Kalb, abgelegt im nassen Schlamm der Auen; Feisthirsche, die durchs Wasser rinnen; röhrende Giganten im Kampf auf Leben und Tod; und im Schatten der Jäger, auf der Birsch nach dem alten Geweihten.

Begleiten Sie uns auf der Birsch durch die Au. Tauchen Sie ein in eine geheimnisvolle Landschaft und folgen Sie uns auf der Fährte des mächtigen Auhirsches – quer durch ein ganzes Jahr!

Christoph Burgstaller

Zeit der Erneuerung

Im Frühjahr erwacht nicht nur die Pflanzenwelt in der Au, auch bei den Tieren entsteht überall neues Leben. Ob Seeadler oder Graureiher, ob Gans, Ente oder Möwe, ob Goldschakal oder Wildschwein, es dreht sich jetzt alles um den Nachwuchs: das Wunder des Lebens.

Beim Rotwild ist es nicht anders. Anfang Mai setzen die ersten Tiere ihre Kälber. Die Kälber verlassen sich voll und ganz auf ihre perfekte Tarnung. In den ersten Lebenstagen haben sie keinen Eigengeruch. Daher flüchten sie bei Gefahr nicht, sondern drücken sich einfach tief in ihr Bett und harren reglos aus. Erst im äußersten Notfall setzen sie durch die Voraugendrüse einen Duft ab. Diesen Duft nimmt nur das Muttertier wahr und kommt dann seinem Kalb zu Hilfe.

Erwachsene Auhirsche haben kaum natürliche Feinde. Die Kälber aber brauchen den Schutz der Muttertiere und den Schutz des Rudels. Wie in Kindergärten hüten die Alttiere ihr Kalb und auch die Kälber der Artgenossen – mit allen Sinnen. Der nahezu unstillbare Milchhunger der rasch wachsenden Kälber fordert die Muttertiere in der ersten Zeit gehörig. Nach und nach beginnen die Kälber aber auch schon mit dem Äsen von Pflanzen, allmählich stellt sich der Pansen auf Wiederkauen um, und ab September ist die Milch der Tiere zwar nicht mehr überlebenswichtig, gesäugt werden die Kälber aber dennoch bis in den Dezember hinein.

Frühling in der Au. Sie bietet dem Auhirsch Einstand, Wasser und Äsung.

Wasserläufe – wie Lebensadern ziehen sie durch die Augebiete.

Man spürt die Stille der Au.

Naturnahe und beinahe unberührte Uferbereiche.

Wasser ist Leben, nicht nur für Haarwild, sondern auch für Gefiedertes, wie zum Beispiel Gänse.

Im Schutz des Wassers wächst eine neue Enten-Generation heran.

Junge Graureiher. Nicht alles Jungwild ist eine Augenweide.

Abspringendes Schmaltier …

… Vermutlich hat es beim Wasserschöpfen Verdacht geschöpft und flüchtet in den schützenden Wald.

Hochbeschlagen sondert sich das Alttier vom Rudel ab.

Ein Blick zurück: Ob ihr das Schmalstück – das Vorjahreskalb – noch folgt?

Drei Wochen später: das Kalb beim Trinken.

Stress pur …

… mit dem Kindergarten.

Einfach herrlich, so ein Bad!

Auch Alttiere genießen das kühle Nass.

Stets wird dazwichen gesichert …

… und dann natürlich wieder gespielt.

Jugendbande im taugen Gras.

Flüchtet das Alttier, dann folgt ihm das Kalb sofort.

Zeit des Wachsens

Wenn man die mächtigen Geweihe der Auhirsche ansieht, kann man kaum glauben, dass in nur hundert Tagen ein solch gewaltiges Knochengebilde entsteht.

Ende Mai, Anfang Juni wachsen die Bastgeweihe täglich um bis zu fünf Zentimeter in die Länge. Rothirsche in der Vollkraft schließen dann mit dem Längenwachstum meist schon Mitte Juni ab. Noch ist das Geweih aber nicht fest, sondern ähnlich einem Knorpel. Es muss erst verknöchern. Dies erfolgt durch Einlagerung von Mineralstoffen.

Mitte Juli ist es dann so weit, und die ersten Hirsche beginnen mit dem Verfegen der Geweihstangen. Man hat fast den Eindruck, als plage die Hirsche ein großer Juckreiz, der sie zum Verfegen treibt. Innerhalb weniger Stunden putzen sie den Bast vom Geweih. Anfangs erscheinen die Geweihstangen noch weißlich bis grau, aber mit jedem weiteren Fegen an Bäumen erhalten sie dann ihre typische hellbraune bis ins Schwärzliche gehende Farbe, und die Spitzen der Enden leuchten dann weiß wie die Spitzen von Dolchen.

Basthirsch-Parade.

Spinnweben, Gras, Geweihe – überall wächst Neues nach.

Wellness in der Au.

Hirsche sind gute Schwimmer und durchrinnen auch tiefe Gewässer mit Leichtigkeit.

Der Jüngling rechts wird den Platz für den Alten wohl gleich räumen müssen.

Mitte Juni – die gewaltigen Geweihe dieser Hirsche sind voll ausgeschoben. In rund zwei Wochen werden sie fertig verknöchert sein. Dann wird gefegt.

Der Letzte hat schon verfegt. Auffallend, dass man bei ihm überhaupt keine Brunftkugeln sieht.

Putztag – nun auch bei den jüngeren Hirschen.

Keine Frage – im kühlen Wasser fegt sich's angenehmer.

An die hundert Tage hat das Wachsen des Geweihes gedauert, …

… und die mächtigen Stangen des alten Hirsches können sich sehen lassen.

Blick des Althirsches in die Linse des Fotografen – wer denkt jetzt was?

Zeit der Feiste

Die Feistzeit, das ist eine der friedlichsten Zeiten im Jahreskreislauf der Hirsche, aber auch jene Zeit, in der man vor allem alte Hirsche nur schwer zu Gesicht bekommt.

Der Tagesablauf steht voll und ganz im Zeichen der Nahrungsaufnahme. Das Geweih ist fertig, nun gilt es, Feistreserven für die bevorstehende Brunft anzulegen. Gerade alte Hirsche sondern sich von den größeren Rudeln ab und ziehen ihre Fährte gerne mit einem jüngeren Beihirsch, dem „Adjutanten". Die Hirsche erreichen nun ihr Höchstgewicht und strotzen nur so vor Kraft.

Die kleinen Familienverbände – Tier, Schmaltier oder Schmalspießer und Kalb – haben sich zu großen Kahlwildrudeln zusammengesellt und ziehen gemeinsam ihre Fährten durch die heiße Au. In der Sommerhitze bietet aber die Au mit ihren reichlichen Wasserstellen und Suhlen genügend Möglichkeiten zur Abkühlung. Gerade in der Mittagshitze legt sich das Rotwild gerne in das kühle Nass.

Am Anfang leuchtet das frisch verfegte Geweih noch hell. Durch das Fegen an Bäumen und Pflanzen erhält es nach und nach seine Farbe.

Farbe hin oder her – kaum ist das Geweih verfegt, …

… wird auch schon probiert, ob es etwas taugt.

Ebenso mächtig wie die Geweihe der Auhirsche …

… sind die Bäume in der Au.

Unberührte Flächen unter fast kitschigem Sommerhimmel.

Für den Menschen sind solche Gebiete ohne Nutzen, für Wildtiere hingegen sind sie eine Lebensinsel.

Alttier beim hochsommerlichen Vollbad.

Goldschakale in der Au – immer auf Beutesuche.

Fluchtwild oder Flugwild?

Jedenfalls: Wahre Akrobaten.

Wasser ist für Rotwild kein Hindernis.

Im Gegenteil, es ist ein willkommener Fluchtweg.

In kürzester Zeit …

… ist das sichere Ufer erreicht.

Rotwildkalb im Spätsommer. Ist das Tier schon beim Hirsch?

So, alles hergehört: Bald ist Brunft!

Bald ist was, Mama?

Zeit des Zeugens

Es zieht einem die Gänsehaut auf, wenn man in unmittelbarer Nähe eines röhrenden Hirschen ist. Wohl kaum ein anderes Wild lebt die Paarung so stimmgewaltig aus – und auch so verräterisch –, wie das Rotwild.

Bereits Ende August, Anfang September dröhnen die ersten Bässe durch die Auen. So um den 10. September erreicht die Hirschbrunft in der Au dann ihren Höhepunkt. Anfangs strotzen die Hirsche vor Feist und sind wahre Muskelpakete. Aber durch ihr unermüdliches Treiben verlieren sie im Laufe von nur einem Monat enorm an Körpermasse. Manche Hirsche verlieren sogar bis zu einem Drittel ihres Gewichtes, da sie in dieser Zeit kaum äsen und nur Wasser schöpfen. Platzhirsche hirten unermüdlich ihre Kahlwildrudel zusammen und treiben Nebenbuhler aus. Man kann die Aggressivität förmlich riechen.

Alte Hirsche kennen das Schauspiel am Brunftplatz zu gut, um sich noch groß aufzuregen. Sie warten meist ruhiger in der Nähe des Einstandes, um sich bei einer Unaufmerksamkeit des Platzhirsches ein brunftiges Tier zu holen. Wenn es dann gegen Ende der Brunft hin um die letzten Tiere geht, die Platzhirsche mit ihren Kräften am Ende sind, wagen sich die Beihirsche auf den Brunftplatz, und so mancher Beihirsch fasst den Mut und zieht in den Kampf gegen den Platzhirsch. Dies ist die wohl gefährlichste Zeit für die geschwächten Hirsche, denn der Wille ist meist noch stärker als die körperliche Verfassung, und so endet manch ein Kampf mit einer tödlichen Forkelverletzung.

Ende August dröhnen die ersten Bässe durch die Auen.

Wie auf Knopfdruck geht's los, und man hört aus allen Ecken das Röhren.

Aufmerksam wird jede Bewegung beäugt.

Sichernder Doppelkopf.

Platzhirsch müsste man sein!

Jedes Tier wird vom Platzhirsch zum Rudel gehirtet.

Wonach es hier wohl riecht?, fragt sich dieses mittelalte Tier.

Lautstarke Überzeugungsarbeit eines Doppelkronen-Hirsches. Die Bezoardrüse ist dabei weit offen.

Ein wahrer Koloss.

Mit allem Nachdruck markiert er den Brunftplatz.

Volles Rohr! Und wer dieses Bild sieht, der weiß auch, wo der Brunftfleck endet – nämlich nicht am Brustspitz, sondern erst vorne am Äser.

Schöpfen.

Äugen.

Schlagen.

Kühlen.

Suhlen.

Eine willkommene Abwechslung für den Althirsch in der Brunft.

Frisch paniert aus der Suhle.

Einstand, Äsung, Wasser – ein perfekter Brunftplatz.

Nach dem Regen – ob das Wasser die hitzigen Gemüter der Hirsche ein wenig kühlt?

Kalb und Beihirsch – wer hier wohl wen mustert?

Da liegt der Beschlag in der Luft. Ständig windet der Platzhirsch am Feuchtblatt des Alttieres …

… und richtig: Wenig später erntet er den Lohn für seine Mühen.

Und schon wieder taucht ein Kontrahent auf dem Brunftplatz auf.

Ein starker Mittelhirsch ist es, und sein Motto heißt „Auf in den Kampf!“

Gespannt beobachtet der Jäger, was nun passiert.

Kampf!
Genauer gesagt: Kampf auf Leben und Tod.

Und so kann es enden: Zwei Hirsche, verkämpft für alle Ewigkeit.

Und wenn sich schon die Hirsche von selbst nicht mehr lösen können,
dann kann es der Mensch erst recht nicht.

Des einen Leid, des andern Freud. Schnell findet sich ein neuer Platzhirsch.

Auch er genießt zunächst die Kühle der Suhle.

Auf diese Art und Weise werden lästige Parasiten im Schlamm gelassen.

Aber nur kurz darf man sich so gehenlassen, denn: Das Kahlwild wartet!

Der Herbst mit seinen Farben beruhigt vielleicht das menschliche Auge, …

… der Brunftplatz aber ist ständig besetzt, und es brodelt von Leben.

Der Alte holt Wind: Liegt Gefahr in der Luft? – Die Bastverletzung macht ihn unverkennbar. Aber auch ohne die verwachsene Stange würde er auffallen: Wer sonst hat derart starke Rosen?

Noch ist er Alleinherrscher hier, …

… doch irgendetwas stimmt nicht. Es weht ein ungewohnter Wind auf dem Brunftplatz, …

… denn die Zeit der jagdlichen Ernte hat begonnen.

Zeit der Jagd

Säen und ernten, das tut der Landwirt Jahr für Jahr. Dieses Tun des Landwirtes wird von niemandem hinterfragt, denn jeder Mensch spürt, dass dies dem natürlichen und notwendigen Kreislauf der Natur entspricht. Mit der Jagd auf Rotwild ist es letztlich nicht anders. Wenn genug da ist, darf der Jäger auch ernten.

Durch Monate hindurch konnten die Hirsche vertraut ihre Fährte ziehen, und sowohl das Kahlwild als auch die Geweihten haben dem ungestörten Leben in der Au gefrönt. Jetzt aber ist die Zeit der Ernte gekommen. Nicht die stärksten, auch nicht die am leichtesten zu erbeutenden Hirsche stehen im Visier der Jäger, sondern alte Auhirsche. Ihr Zenit ist erreicht, und nichts spricht dagegen, die jagdliche Ernte einzufahren. Bodenständige Rotwildjäger kennen Wechsel und Wege dieser Geweihten. Dennoch sind nur Geduld und Erfahrung Garanten für eine erfolgreiche Jagd und ein schlafwandlerisch sicherer Umgang mit dem Gewehr Voraussetzung.

Die Brunft bietet dem Jäger die Möglichkeit, dem sonst so heimlichen alten Hirsch auf die Fährte zu kommen, und Birschgänge im dichtbewachsenen Auwald können nun mit edler Beute gekrönt werden. Die Jagd auf das Kahlwild nach der Brunft erfordert viel Fingerspitzengefühl. So legen Jäger Wert darauf, dass nicht in große Rudel eingegriffen wird. Einzeln stehende Tiere und Kälber werden bejagt und als begehrtes Wildbret in den Küchen freudig erwartet. Mit Verantwortung ausgeübt steht solche Jagd in einem Kreislauf, der nachhaltig ist und näher am Ursprung, als „Bio“ es je sein kann!

In der Zeit der jagdlichen Ernte färben sich die Blätter.

Für das Rotwild bedeutet das Wasser Leben. Für den Rotwildjäger bedeutet es vor allem: Barriere.

Aber der Mensch hat gelernt, sich zu behelfen. Schon mit diesem einfachen Boot kann man sonst unüberbrückbares Wasser überbrücken.

Wenn man seinen vierrädrigen Jagdgehilfen mit ins Revier nehmen will, muss man hingegen schon mit schwereren Geschützen auffahren.

Im Revier. Eine starke Fährte macht rasch Mut.

Hier in der Au wird meist gebirscht.

Schneisen wie diese dienen zum kurzfristigen Ansitz.

Bald wird im Bestand ein Hirsch sichtbar.

Schließlich kommt er auf die Freie. Ein Jungspund aus dem Bilderbuch.
Und dann tritt aber doch der Richtige auf den Plan. Der Hirsch, dem die Jagd galt …

Die Decke raucht …

Die Kugel sitzt perfekt.

Der Hirsch bricht im Feuer.

Nicht ein Schritt geht mehr.

Binnen Sekunden …

… ist die Brunft …

… für ihn zu Ende.

Ein letztes Strecken …

Langsam geht's zum Erlegten.

Weidmannsheil und Weidmannsdank.

Am Ende einer langen Fährte.

Unverzüglich wird mit der Roten Arbeit begonnen und das Wildbret versorgt.

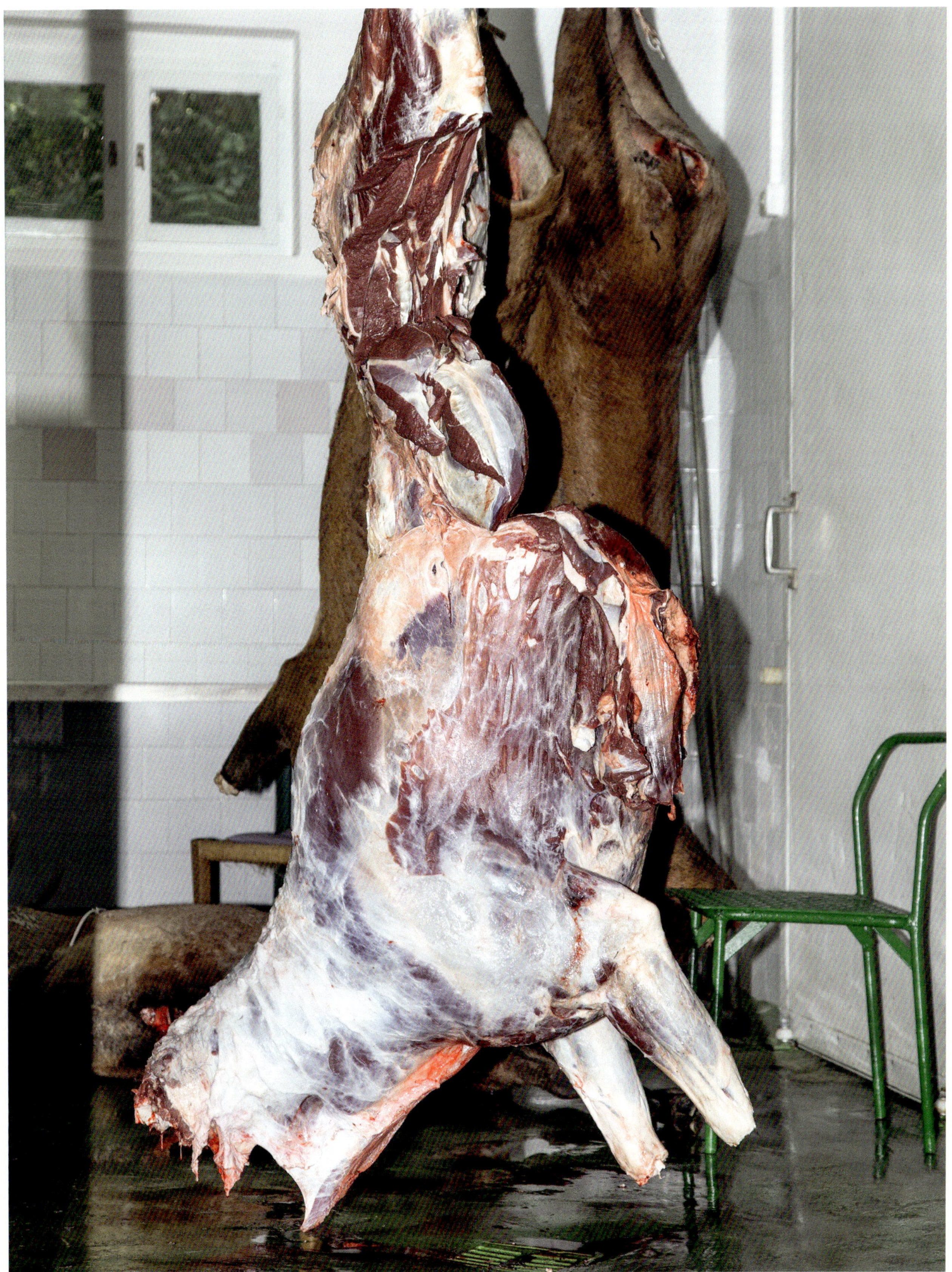

Wie ein Stier sieht er aus auf dem Weg in die Kühlkammer.

Jäger-Handwerk Auskochen.

Gebleicht für die Ewigkeit.

Währenddessen geht draußen im Revier das Leben weiter. Der eine …

… oder andere Hirsch wittert seine Chance.

Doch bald tritt ein wahrer Herrscher zum freigewordenen Rudel.

In kurzer Zeit hat er klare Fronten geschaffen.

Da hilft kein Nachplärren mehr.

Und auch kein stilles Sich-Herumdrücken.

Und dann ist die Brunft zu Ende. Der Winter steht vor der Tür, …

… und der abgebrunftete Hirsch braucht jetzt Ruhe, Ruhe und nochmals Ruhe.

Nun wird es für das Kahlwild ernst. Die Bejagung der Tiere und Kälber ist nicht nur jagdlich reizvoll, …

… sie fordert und erfordert den fermen Jäger. Hier steht ein junges Tier auf der Schneise.

Auch ein fermer und begnadeter Jäger: der Goldschakal.

Bei der Kahlwildjagd muss es oft schnell gehen.

Im Anschlag – alle Sinne gespannt.

Aber es ist „nur“ ein Hirsch, und der wird jetzt geschont.

Die Birsch geht weiter.

Hier ist starkes Wild gezogen.
Im Schnee kann man lesen wie in einem Buch.

Am Ende des Jagdtages wird's urig und deftig.

Langsam aber sicher friert die Au zu.

Der letzte offene Weg ins Revier.
Bald ruht die Jagd.

Zeit der Not

Das Kahlwild und die jungen Hirsche gehen mit guten Feistvorräten in die kalten Monate. Die abgebrunfteten Hirsche haben mit der spärlichen Herbstäsung noch einmal etwas Feist angelegt – lebenswichtig für den Winter. Die Sonne wirft lange Schatten, langsam ist der Hormonspiegel bei den Hirschen gesunken, und auch sie rudeln sich jetzt wieder zu kleinen Verbänden zusammen. Das Mehraugenprinzip, das Schutz bietet, steht wieder im Vordergrund.

Der Winter in der Au kennt zwar keine Schneemassen, jedoch sind Temperaturen im zweistelligen Minusbereich und der typische Wind des flachen Landes eine spürbare Belastung für den Rotwildkörper. Zum Überbrücken werden in dieser Zeit in manchen Gebieten Heuraufen mit Luzerneheu bestückt.

Die Stille der Au ist im Winter schon fast unheimlich. Kein Vogelgesang ist zu hören, kein Rauschen von Pappelblättern im Wind. Die Au scheint erstarrt. Die Gewässer frieren zu. Eisvogel und Enten suchen die letzten freien Wasserstellen auf. Wasserläufe, die vom Rotwild im Sommer durchronnen und als kühlende Oasen gerne angenommen wurden, sind jetzt oft zu unüberwindlichen Barrieren geworden. Denn nicht jede Eisschicht trägt den Geweihten zum ersehnten anderen Ufer…

Kälte und Schnee haben nun ihre Herrschaft in der Au angetreten.
Dem Kalb scheint es nicht viel auszumachen.

Drei junge Hirsche im Troll.
Die karge Äsung gibt nicht mehr viel her.

Ein guter Spießer – ihm gehört die Zukunft.

Auf gewohntem Wechsel – vorneweg ein junges Tier.

Märchenwald.

Vom Wasser ist nichts mehr zu sehen.

Auch nur recht selten zu beobachten: die Serbische Arschmeise.

Das Luzerneheu schmeckt!

Aber da stört doch jemand!?

Und jetzt hat sich das Geweih, verdammt noch einmal, auch noch in den Stäben verfangen!

Gleich darauf ist das Geweih aber wieder aus den Stäben herausgelöst.

Jetzt hat sich der starke junge Hirsch endgültig aus der Futterraufe befreit.

Eine Flucht im Winter …

… kostet selbst in der flachen Au viel Energie.

So dicht die Au noch vor wenigen Wochen bewachsen war, jetzt gibt es nur mehr wenig Deckung. Die Flucht kann weit gehen.

Leichtfüßig und elegant: ein Wildkalb auf der Reise.

Kälber-Ballett. – Allem Anschein nach sind es zwei Wildkälber.

Im Rudel erstarrt. Zuerst einmal wird reglos gesichert, bis man sich auszukennen glaubt. Denn jede unbedachte Bewegung kann Gefahr bedeuten.

Ein junges Tier, vielleicht dreijährig.
Dahinter ein altes Tier mit struppiger Decke und leichtem Senkrücken.

Sonne ist Leben. Dieses junge Tier genießt die Wärme der Sonnenstrahlen.

Graugänse beim Latschenkühlen.

Wie ein Luster hängt hier das Eis vom Ast.

Der Kormoran nutzt die wenigen eisfreien Stellen für die Jagd.

Zeit der Erneuerung

Später Winter. Das Geweih, Zeichen der Macht, geht dem Hirsch verloren. Mit dem Abwerfen der Stangen wird von einem Augenblick auf den andern aus dem kraftvollen Auhirsch ein unscheinbares Stück Rotwild. Nur die im Durchmesser mächtigen Rosenstöcke geben eine Ahnung davon, was für ein starkes Geweih vor kurzem noch darauf gesessen ist. Doch der Verlust des Geweihes ist nur ein kleiner Wermutstropfen, denn das nächste Geweih wird meist noch stärker! – Nach dem Abwerfen dauert es bis zu zehn Tage, bis die Bruchstelle vom Bast umschlossen ist und neues Wachstum beginnen kann. Dann aber schieben sich die Bastkolben in beeindruckender Geschwindigkeit in die Höhe, und nach wenigen Wochen ziehen schon wieder stolze Geweihte ihre Fährte in der Au.

Wenn der Winter vorbei und die Au wieder grün geworden ist, gehen die Alttiere hochbeschlagen. Die Kälber des Vorjahres werden nun abgeschlagen. Schließlich sondern sich die Alttiere in die geschützten Schilfgürtel der Au ab, und das sonst so innige Rudelverhalten wird für kurze Zeit unterbrochen. Unruhe beim Kahlwild also, und das heißt: Es steht neues Leben bevor.

Und dann: der Anblick eines frischgesetzten Kalbes. Er lässt den Menschen vor dem Wunder des Lebens erstarren. Ein Jahreskreislauf beginnt von Neuem. Das Kalb: Ist es der künftige Platzhirsch? Oder ist es sie, die Urmutter von morgen, das künftige schlaue Leittier des Rotwildrudels …?

Stangenwald im Januar. Noch sitzen die Geweihe recht fest auf den Häuptern.

Anfang Februar werfen aber schon die ersten Auhirsche ihr Geweih ab.

Und auch die, die noch aufhaben, wird es schon bald erwischen.

Eis und Schnee sind gewichen, und die Au erwacht zu neuem Leben.

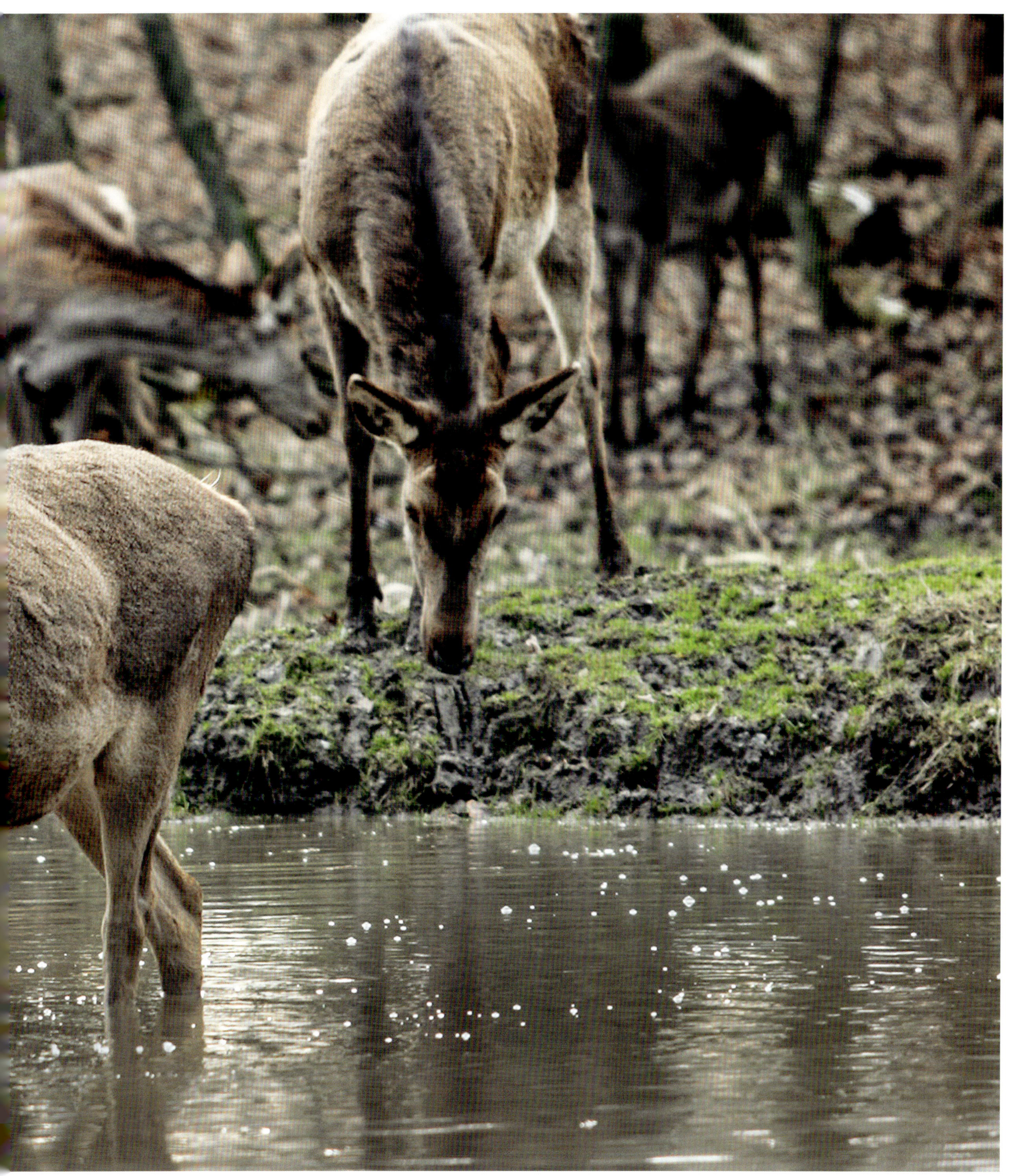

Links hinten ein Schmaltier, rechts im Bild ein jüngeres Alttier, vorne ein altes Tier mit breitem Äser.

Ein Juwel der Aulandschaft: der Seeadler. Deutlich zu erkennen ist der helle Stoß des ausgewachsenen Tieres. Seeadler können eine Spannweite von weit mehr als zwei Metern erreichen.

Fast wie im Märchen: Zu den zwei Adlern am Boden gesellt sich ein dritter.

Beim Abstreichen. Die Vogelwelt rundherum stößt sich nicht groß an dem mächtigen Vogel.

Ein scharfer Blick durch ein glasklares Auge. Der gelbe Fang ist groß und kräftig. Kaum ein Greif in Mitteleuropa ist größer als der Seeadler.

Brüten in der Kolonie. Wer ist es?

In jedem Fall handelt es sich um höchste Nestbaukunst.

Hier ist alles klar: Der Graureiher ist der Baumeister.

Konkurrenz zwischen zwei Graureihern um einen fetten Fang.

Eins, zwei, drei …

Junges Tier. Geht es zum ersten Mal beschlagen?

Auf jeden Fall zieht es mutterseelenallein seine Fährte hinein ins Schilf. Bald wird es setzen.

Und wenig später liegt neues Leben in der Au. Ewiger Kreislauf vom Werden und Vergehen …

Weidmannsdank

Es ist nicht selbstverständlich, dass Revierinhaber fremde Personen ins Revier lassen, noch dazu in der Hirschbrunft. Nicht selten begegnet man als Fotograf skeptischen Gesichtern oder man hört ablehnende Worte. Umso mehr möchte ich all jenen danken, die durch ihre offenen Reviertüren dieses Buch erst ermöglicht haben. *Ch. B.*

Jaroslav Pap, Jahrgang 1957, ist seit Jahrzehnten ein renommierter Pressefotograf in Serbien. Immer nahm er sich aber auch viel Zeit für die Naturfotografie. Einer seiner Schwerpunkte war stets das Rotwild. Insbesondere am Herzen liegt Jaroslav Pap der Fotografen-Nachwuchs, denen er in der von ihm begründeten Bewegung „Fotojagd“ Anregung und Anleitung gibt.

Christoph Burgstaller, Jahrgang 1982, ist begeisterter Naturfotograf. Er stammt von einem Kärntner Bergbauernhof ab, war jahrelang Berufsjäger im Salzburger Pinzgau und wechselte im Anschluss hauptberuflich in die Redaktion der Jagdzeitschrift „Weidwerk“ in Wien. In Salzburg leitet er nach wie vor Jagdkurse.

BILDBÄNDE

Bären

Von Jaroslav Vogeltanz und Paolo Molinari.
176 Seiten, mehr als 350 Farbfotos.
Preis: 49.- Euro

Der Fotoband „Bären" spürt in einzigartigen Bildern der Faszination Bär nach und zeigt ihn in den unterschiedlichsten Lebenslagen. – Ein Meisterwerk!

Wölfe

Von Jaroslav Vogeltanz und Paolo Molinari.
128 Seiten, mehr als 200 Farbfotos.
Preis: 39.- Euro

Der Wolf kehrt zurück. Doch wer kennt ihn wirklich noch? – Sensationelle Fotos und knappe, hochinformative Texte zeigen den Wolf so, wie er ist.

Luchse

Von Jaroslav Vogeltanz und Jaroslav Cerveny.
128 Seiten, mehr als 130 Farbfotos.
Preis: 39.- Euro

Herausragende Luchsfotos und traumhafte Landschaftsbilder – mit kurzweiligen und kenntnisreichen Texten, mit welchen der Luchs sich selbst vorstellt.

Österreichischer Jagd- und Bilderei-Verlag
1080 Wien, Wickenburggasse 3
Tel. +43/1/405 16 36, Fax +43/1/405 16 36/59
E-mail: verlag@jagd.at
Internet: www.jagd.at

MARKUS ZEILER

Schweiß

Von Markus Zeiler.
228 Seiten, über 200 großformatige Farbfotos.
Exklusiv in Leinen. Im Geschenkschuber.
Preis: 127.- Euro

Ein sensationeller Fotoband mit „Bildern der Jagd". – Mittlerweile längst zum Kultbuch geworden.

Ferm

Von Markus Zeiler.
224 Seiten, über 300 großformatige Farbfotos.
Exklusiv in Leinen. Im Geschenkschuber.
Preis: 127.- Euro

Ein Buch, das in einzigartigen Bildern Leben und Arbeit der Jagdhunde nachzeichnet.

Beize

Von Markus Zeiler.
204 Seiten, über 230 großformatige Farbfotos.
Exklusiv in Leinen. Im Geschenkschuber.
Preis: 127.- Euro

In seinem dritten monumentalen Bildband taucht Markus Zeiler in die Welt der Greifvögel und der Beizjagd ein.

Österreichischer Jagd- und Bilderei-Verlag
1080 Wien, Wickenburggasse 3

Tel. +43/1/405 16 36, Fax +43/1/405 16 36/59
E-mail: verlag@jagd.at
Internet: www.jagd.at

BILDBÄNDE

Gams – Bilder aus den Bergen

Von G. Greßmann, V. Grünschachner-Berger, T. Kranabitl und H. Zeiler.
160 Seiten, mehr als 200 Farbfotos.
Preis: 49.- Euro

Einzigartige Fotos, gepaart mit kurzen klaren Texten, gewähren spannende, oft auch überraschende Einblicke in das Leben der Gams.

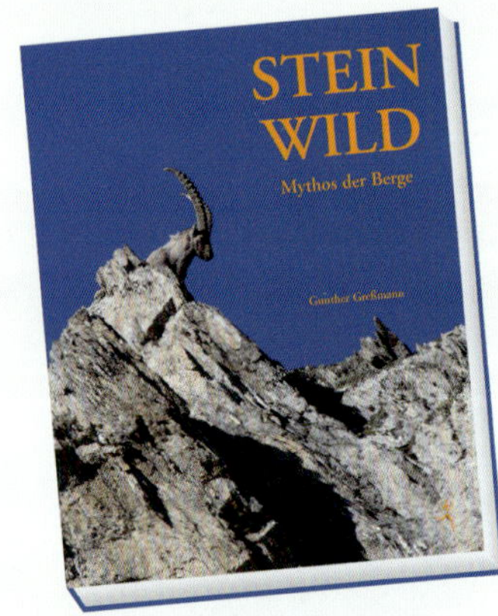

Steinwild – Mythos der Berge

Von Gunther Greßmann.
192 Seiten, mehr als 300 Farbfotos.
Preis: 49.- Euro

Sagenhafte Bilder von einem sagenhaften Fotografen von einem sagenumwobenen Tier. Bilder, die man noch nie gesehen hat. Und auch nie sehen wird. Außer in diesem Buch.

Berghirsche

Von Thomas Kranabitl, Gunther Greßmann und Hubert Zeiler.
160 Seiten, mehr als 200 Farbfotos.
Preis: 49.- Euro

Kaum ein Wild, das so fasziniert, wie der Berghirsch. Dieser Fotoband verwebt unglaubliche Fotos mit einfühlsamen, hochinformativen Texten zu einer stimmigen Gesamtschau.